新疆是个好地方

葱郁绿洲

本书编委会　编

新疆科学技术出版社

图书在版编目（CIP）数据

葱郁绿洲 / 本书编委会编. -- 乌鲁木齐：新疆科学技术出版社, 2022.7

（新疆是个好地方）

ISBN 978-7-5466-5208-5

Ⅰ. ①葱… Ⅱ. ①本… Ⅲ. ①绿洲－介绍－新疆 Ⅳ. ①P942.450.73

中国版本图书馆CIP数据核字(2022)第127134号

总 策 划：李翠玲
执行策划：唐 辉 孙 瑾
项目执行：顾雅莉
统　　筹：白国玲 李 雯
责任编辑：白国玲
责任校对：欧 东
装帧设计：邓伟民

出　　版：新疆科学技术出版社
地　　址：乌鲁木齐市延安路255号
邮政编码：830049
电　　话：（0991）2866319（fax）
经　　销：新疆新华书店发行有限责任公司
印　　刷：上海雅昌艺术印刷有限公司
版　　次：2022年8月第1版
印　　次：2022年8月第1次印刷
开　　本：787毫米×1092毫米 1/16
字　　数：152千字
印　　张：9.5
定　　价：48.00元

编委名单

PREFACE

前　言

扫一扫带你领略大美新疆

新疆，是一方神奇而美丽的土地，这里有香甜四溢的瓜果，在空气中弥漫着芬芳；这里有令人垂涎欲滴的美食，似乎每时每刻都有一场饕餮盛宴；这里有乐观热情的人们，日日夜夜用美妙的歌喉、曼妙飞旋的舞步诉说着幸福和快乐。所有的这一切都依托在一块块绿洲之上。

新疆地域辽阔，占我国国土面积的六分之一。然而，在如此广袤的土地上，适宜生存发展的绿洲只占二十分之一左右，它们是承载着生命和希望的绿色方舟。

天山一号冰川

从北向南，阿尔泰山、天山、昆仑山撑起了新疆大地的骨架，准噶尔盆地、塔里木盆地安卧在三山的臂弯之中，形成了“三山夹两盆”的特殊地形。每当夏季来临，高山上的冰雪消融，雪水汩汩汇成溪，汇成河，从高山流向低谷，再汇流成湖，如同奔流不息的血液，滋养着新疆大地。年复一年，渐渐生长出一片片绿洲。这些绿洲大多分布在三山的山麓、两盆的边缘。星星点点的绿洲是生命之舟，承载着大美新疆的荣耀与梦想。

本书撷取新疆最主要的绿洲带，将葱郁绿洲的自然之美、人文之美呈现出来，以期让读者品味到这片土地的深厚底蕴。

晨雾

CONTENTS

目 录

阿尔泰山绿洲
葱郁
绿洲

阿尔泰山绿洲

阿尔泰山雄踞新疆最北边，绵延2000余千米，跨越中国、哈萨克斯坦、俄罗斯、蒙古四国，拥有无数醉人的美景，创造出了诸多传奇的故事。

扫一扫带你领略大美新疆

“杨树基因库”额尔齐斯河

额尔齐斯河水域航拍

阿尔泰山的崇山峻岭孕育出滔滔额尔齐斯河，奔流的河水造就了一块块绿洲，“金山银水”聚集了人群，创造出悠远的历史、绚烂的文化。

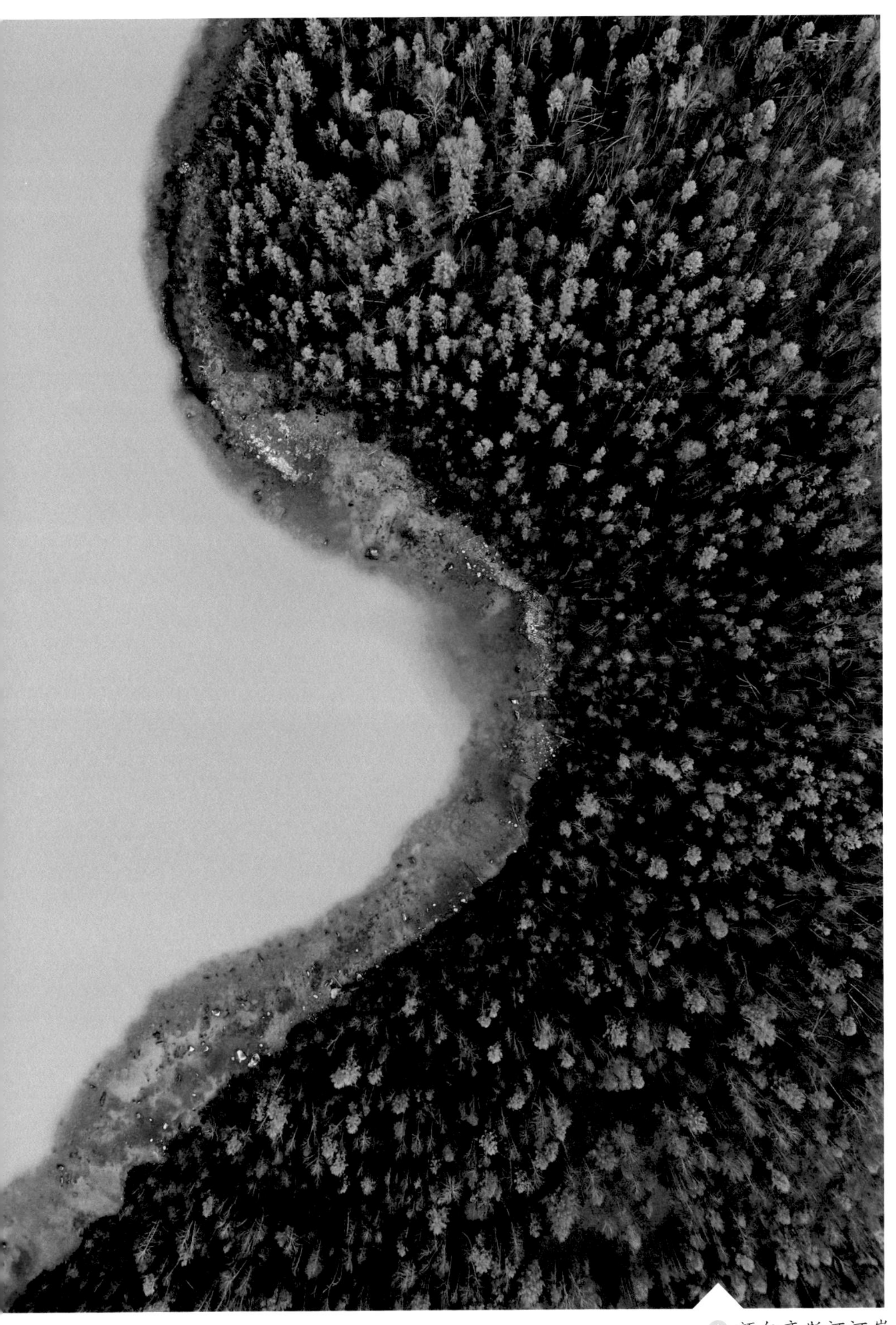

额尔齐斯河河岸

额尔齐斯河河岸的绿洲

可可托海秋韵

从乌鲁木齐市出发，朝着中国版图的“公鸡尾巴尖”方向行进，越过古尔班通古特沙漠后，一片又一片绿洲流光溢彩，这就是青河、富蕴、福海、阿勒泰、布尔津、哈巴河、吉木乃。它们大多位于额尔齐斯河周边，像一颗颗绿色的珍珠，阿尔泰山南麓的绿洲链就这样形成了。

青河县绿洲

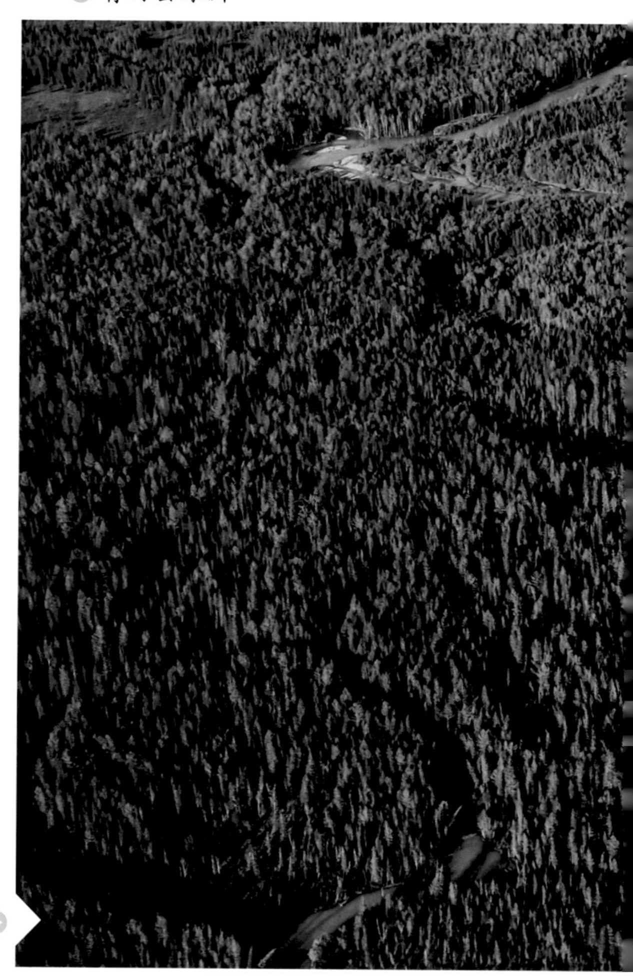

哈巴河县中哈大峡谷

福海县乌伦古湖

布尔津县街景

富蕴县可可托海镇村落

吉木乃口岸

阿尔泰山在中国境内的部分属于中段南坡，山体长达500余千米，海拔在1000~3000米，主要山脊高度在3000米以上。阿尔泰山矿产资源丰富，从汉朝起这里就开始开采金矿，清朝时期在山中淘金的人曾多达5万多人，“金山”由此得名。而丰富的森林资源更是其特色之一，阿勒泰“千里画廊”名不虚传。

额尔齐斯河发源于富蕴县境内的阿尔泰山南坡，沿阿尔泰山南麓向西北流淌，在哈巴河县以西进入哈萨克斯坦，是中国唯一流入北冰洋的河流。额尔齐斯河一路上将布尔津河、哈巴河等北岸支流纳入其中，沿岸风光壮美，号称“银水”。

额尔齐斯河河谷宽广，水势浩荡，孕育了世界四大杨树派系（白杨、胡杨、青杨、黑杨），素有“杨树基因库”美称。欧洲黑杨、银灰杨等8种杨树组成的天然林是中国唯一的天然多种类杨树基因库，也是中国唯一的天然多种杨树林自然景观。

额尔齐斯河下游的布尔津河和哈巴河两河河床中心沙滩诸多，河谷中沼泽密布，水草丛生，绿树成荫，有很高的科考、探险、旅游等开发价值。

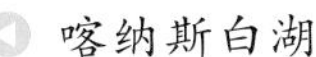

喀纳斯白湖

可可托海冬韵

丰富而独特的自然景观和风貌，引得游人纷至沓来。如今，在阿尔泰山南麓和额尔齐斯河沿岸有3个国家5A级景区：喀纳斯景区、可可托海景区、白沙湖景区，景区各具特色，各有迷人之处。

◀暖阳畅滑

更令当地人自豪的是，在阿尔泰山的崇山峻岭之中，在额尔齐斯河的两岸还有众多让人流连忘返的景区景点，如乌伦古湖、五彩滩等。

阿尔泰山丰富的宝藏举世闻名，人称“阿尔泰山七十二条沟,沟沟有黄金”，究竟真的沟沟有黄金，抑或只是泛泛之说，还有待考证，但“阿尔泰山七十二条沟，沟沟有美景”却是不争的事实，童话般的纯美风光倾倒了海内外游客。

露营

乘坐热气球

阿尔泰绿洲的美，美得纯粹而缤纷，山有山的雄奇，水有水的灵秀，河谷绿洲有北疆绿洲的灵秀清丽，戈壁沙漠有大漠的苍茫壮阔。阿尔泰山南麓多样性的地貌给人们提供了无限可能，由此生发出各种依托自然旅游资源的特色活动，徒步、探险、沙漠越野、摄影等，即便是在一望无际的戈壁滩上寻找奇石，也是一大乐事。

阿尔泰山南麓、额尔齐斯河两岸风光绮丽，高山耸峙，河水滔滔，绿洲星布，草原广袤，仿佛大自然的神来之笔，而城市则是人类智慧与创造的集合。

宝玉奇石

三道海子天鹅

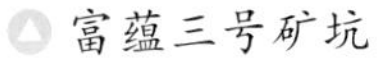
富蕴三号矿坑

富蕴县气候适宜，四季分明。这里有额尔齐斯河和乌伦古河两大水系，水量充沛，高山、盆地、河谷、戈壁、沙漠样样齐全；富蕴县城则在河谷之中，夏季气候凉爽，是消夏避暑胜地。

富蕴县水草丰茂，植物种类丰富，有经济价值的野生植物就有50多种，柴胡、赤芍、麻黄、冬虫夏草、手掌参、阿里红、野玫瑰、百合等多分布在北部山区。富蕴县境内有100余种野生动物，山区和戈壁上有棕熊、雪豹、马鹿、旱獭、貂、野马等，河谷有水獭、河狸、麝鼠等。中国最大的有蹄类野生动物保护区卡拉麦里保护区横跨富蕴县和奇台县。

“喀纳斯网红”小狐狸

额尔齐斯河、乌伦古河中生活着各种鱼类，有长白鲑（大白鱼）、贝加尔亚罗鱼（小白鱼）、哲罗鲑（大红鱼）、细鳞鲑（小红鱼）、鲤鱼、河鲈（五道黑）等20余种。

富蕴县风光千姿百态，南以卡拉麦里山自然保护区为主体，有各种珍稀鸟兽和古老的硅化木、斑斓五彩城、旷野滴水泉；北以阿尔泰山夏牧场为主体，冰峰雪岭、高山湖泊、原始森林、阿拉善温泉和古岩画交相辉映。2019年12月30日，阿富准铁路富蕴至准东段正式通车，游客可以坐着火车畅游富蕴。

游牧之路

唐巴勒塔斯岩画

单板滑雪

可可托海秋色

阿勒泰市是一座宜居小城，四面环山，克兰河从城市中穿过。深藏在河谷之中的驼峰景区就在市区中心、克兰河畔。登上驼峰山峰顶，阿勒泰市全貌尽收眼底，这里是徒步登山、探险旅游的绝佳之处。

夏季的阿勒泰市气候凉爽宜人，是避暑的好地方。冬季的阿勒泰市降雪丰沛，2018年获“中国雪都”称号，5S级滑雪场将军山滑雪场距离市中心仅2千米，可算是世界上距城市最近的滑雪场了。

布尔津县，在祖国版图“鸡尾”的最高点，位于阿尔泰山脉西南麓。布尔津县草原辽阔，水草丰美，森林覆盖率达到14%，自古以来就是人们生活放牧的地方。布尔津县城精致小巧，有许多尖顶的俄式建筑，宛若一座童话小城，历史上它曾是中国通往俄罗斯的关口。2019年5月，布尔津县入选“2019中国最美县域榜单”。同年11月，被生态环境部正式授予第三批国家生态文明建设示范市县称号。

雾凇

习俗展示

布尔津的夜市远近驰名，夜市中最迷人的美味当属额河烤鱼。夜市建在额尔齐斯河河畔，鱼自然是美食的主角，鲫鱼、鲤鱼、狗鱼、五道黑等20多种鱼类，经过烹、炸、煎、煮等，制作成了一桌桌色香味俱佳的冷水鱼宴。坐在额河边上，一边吃着鲜美的烤鱼，一边欣赏额河夜景，是难得的享受。

三九隆冬银装俏，踏雪赏冰聚边城。近年来，布尔津的雾凇节已经成了当地旅游的一大品牌。银装素裹的冰雪世界，大片大片的雾凇把游客带到了一个至纯至净的童话世界。

随着喀纳斯禾木冬季旅游的启动，到禾木过“原始年”，成了冰雪游的新时尚。喀纳斯湖畔的禾木村居住着图瓦人，他们过年的习俗中保留了一些古老的仪式，人们称这里的新年为“原始年”。在图瓦人家里喝酥油茶，砸骨头品尝骨髓……迎接新年，祝愿每个家庭像满溢的骨髓一样，幸福美满。

禾木村

将军山滑雪场

福海冬捕节是阿勒泰最具代表性的冬季旅游项目。冰天雪地，在一望无边的乌伦古湖上踏雪寻鱼，用古老的冰钎凿冰开洞，把千米长的大拉网从冰下缓缓穿过，结成网阵，当大大小小的各种鱼在网里跳跃时，丰收的喜悦溢满心头。

如今，“净土喀纳斯雪都阿勒泰” 的品牌越叫越响亮。冬季漫长、雪量丰沛、雪质好是阿勒泰的优势，阿勒泰将军山滑雪场、可可托海国际滑雪场、阿尔泰山野雪公园正成为滑雪爱好者的梦想之地……

福海县冬捕节

西天山绿洲
葱郁
绿洲

西天山绿洲

在新疆，能称得起塞外江南的，非伊犁河谷莫属。伊犁河谷是大自然的杰作，这里是亚欧大陆干旱地带的一块“湿岛”，土地肥沃，水源充足，草原辽阔，物产丰富，“塞外江南”“苹果之乡”“天马故乡”的美名远播海内外。

扫一扫带你领略大美新疆

有人说“不到伊犁，不知新疆之美”。伊犁河谷之美，源于雄壮峻秀的天山，源于秀美绮丽的河谷，源于平波缓进的伊犁河，源于恬静生活的人们。

西天山绿洲

伊犁天鹅泉

五彩天山

伊犁河谷被誉为“塞外江南”，在这片位于新疆西北部的沃土之上，雪峰巍峨，草原无垠，林海苍茫。伊犁河谷中有伊宁市、尼勒克县、新源县、巩留县、特克斯县、昭苏县、察布查尔锡伯自治县、霍城县等县市。

得天独厚的光热资源不仅让这里物产丰饶，而且让伊犁河谷成为一条令人惊艳的风景画廊。

库尔德宁春色

伊犁风光

伊犁色彩

伊犁河湿地航拍

夏季丰富的降水和春季天山融雪使伊犁河谷不仅水源丰富，而且丰水期长。在伊犁河谷的平原地带，河流两岸平整的冲积平原为农业的发展提供了良好的条件，使伊犁河谷享有“粮仓”之名。春季，一片片绿油油的冬小麦无边无际，描绘出生机勃勃的春天画卷；夏日，成片的油菜花和向日葵花将大地装扮成金色的花海；初秋，苜蓿花漫山遍野开放，紫色的小花带来秋的温馨与浪漫。

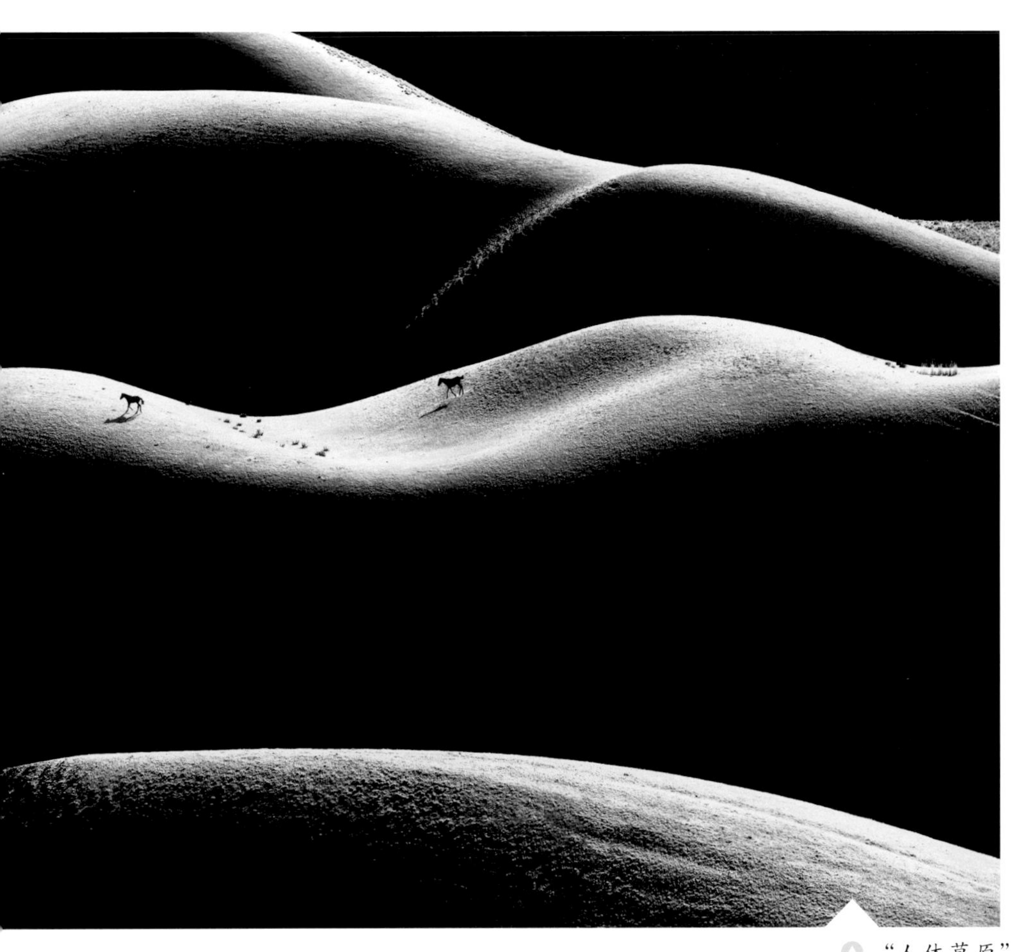

“人体草原”

昭苏油菜花田

伊犁薰衣草

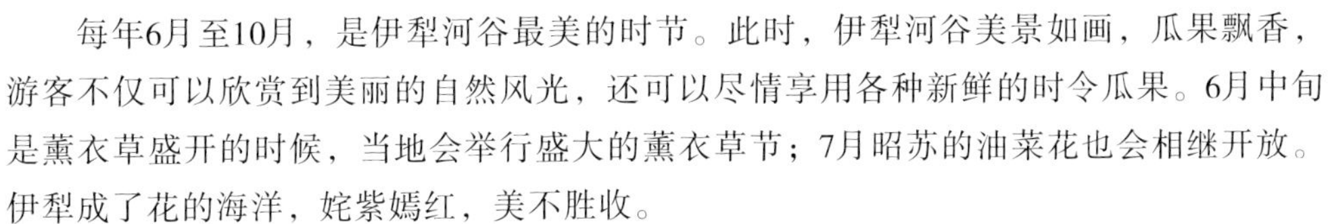

每年6月至10月，是伊犁河谷最美的时节。此时，伊犁河谷美景如画，瓜果飘香，游客不仅可以欣赏到美丽的自然风光，还可以尽情享用各种新鲜的时令瓜果。6月中旬是薰衣草盛开的时候，当地会举行盛大的薰衣草节；7月昭苏的油菜花也会相继开放。伊犁成了花的海洋，姹紫嫣红，美不胜收。

库尔德宁雪峰林海

库尔德宁花海草原

伊犁河谷处处美景，以那拉提、唐布拉、库尔德宁为中心的草原风情游，以伊宁市、伊宁县、察布查尔锡伯自治县、霍城县为主的休闲旅游令人神往；将军府、钟鼓楼、靖远寺、圣佑庙、八卦城等历史人文景观也让人心驰。

喀拉峻风景区

那拉提草原

特克斯阔克苏大峡谷

昭苏马场

特克斯县八卦城是世界上最大、最完整的八卦城。传说，特克斯八卦城最早是由南宋道教全真七子之一丘处机所布。八卦城呈放射状圆形，街道布局如神奇迷宫般，路路相通、街街相连。

到伊犁，不能不看马。看马，最好是在伊犁天马国际旅游节上。秀美的风景、多彩的民俗风情、源远流长的天马文化、彪悍的骏马相映生辉，令人沉醉。

特克斯八卦城

伊犁箭乡少年箭手

昭苏油菜花田

伊犁河谷，处处是美景，步步皆风景，果子沟、吐尔根杏花林、霍城薰衣草庄园、昭苏油菜花田、图开沙漠……都是必去的旅游打卡之地。

新源县春色

巩留杏花

果子沟，历史上是中国通往中亚和欧洲的丝路北新道咽喉之地，被称为“铁关”，同时也是“伊犁第一景”“奇绝仙境”，景色绝美。这条沟全长28千米，地势险要，成吉思汗西征时始凿山通道，曾架桥48座。现在，果子沟是312国道的必经之路，整个沟谷的河滩、山坡上长满了野生苹果、山杏、核桃，“果子沟”因而得名。以双塔斜拉吊桥为代表的一批新景观，更为这里增添了新的风景。

新源吐尔根杏花谷，是国内最大的野生杏树林，每年四五月间，3万多亩野杏林杏花漫山遍野开放，灿若云霞，美若仙境。

昭苏是中国油菜之乡，每年6月底前后，昭苏油菜花怒放，近百万亩油菜花开遍座座山坡，一条条金色油菜花田，仿佛金黄色的毯子铺满了广袤的大地，见者无不称奇。

果子沟大桥

库尔德宁莫乎尔草原

中天山北麓绿洲
葱郁
绿洲

中天山 北麓绿洲

明月出天山，苍茫云海间。

天山山脉是世界七大山系之一，横亘欧亚大陆腹地，跨越中国、哈萨克斯坦、乌兹别克斯坦、吉尔吉斯共和国四国。天山位于新疆大地中部，是新疆的标志之一，新疆各族群众自称“天山儿女”便是由此而来。

扫一扫带你领略大美新疆

乌鲁木齐南山

中国境内的天山山脉把新疆分成南疆和北疆，塔里木盆地居南疆，准噶尔盆地居北疆。天山北麓是新疆经济最发达的地区，天山北坡经济带是新疆经济发展中最活跃的板块。

以乌鲁木齐、石河子和克拉玛依市为轴心的天山北麓中段，包括乌鲁木齐市、昌吉市、阜康市、呼图壁县、玛纳斯县、石河子市、沙湾县、乌苏市、奎屯市、克拉玛依市等县市，是新疆经济最发达的地区，也是旅游资源较为丰富的地带，天山天池、乌鲁木齐天山大峡谷、奇台江布拉克、博尔塔拉蒙古自治州赛里木湖、克拉玛依魔鬼城等景区闻名遐迩。

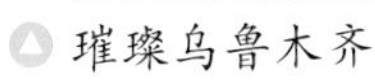
璀璨乌鲁木齐

乌鲁木齐地窝堡机场

石河子市

江布拉克春韵

江布拉克秋景

乌鲁木齐南山

天山大峡谷景区

乌鲁木齐大南山

在天山北坡的绿洲景观带中，代表性的乌鲁木齐大南山国际旅游区、昌吉南山、玛纳斯湿地、赛里木湖、艾比湖、沙湾鹿角湾、独库公路等著名景点景区无一不令人神往。

乌鲁木齐大南山国际旅游区，位于乌鲁木齐市区以南的乌鲁木齐县境内。这里雪峰高耸，山峦起伏，林木葱郁，花草遍地，泉水淙淙，景色迷人，是避暑和游览的胜地。大南山是一个非常广阔的区域，包括东白杨沟、西白杨沟、后峡、甘沟、灯草沟、水西沟、庙尔沟和板房沟等，在这里能看到三峰叠影、白杨飞瀑、幽谷翠烟、牧野菊香……每一条沟都让人流连忘返。

玛纳斯

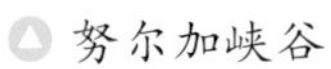
努尔加峡谷

玛纳斯县塔西河

奇台县一万泉郁金香

鹿角湾

昌吉南山是一处城市“后花园”，在昌吉市以南的天山之中，银色雪峰下，绿色山谷中，辽阔草原上，绿草如茵，牛羊成群。

玛纳斯国家湿地公园则是另一番景象，天水相连，鸟影翩翩。这里处于世界候鸟迁徙3号线路中，是候鸟的重要栖息地、繁殖地。每年途经此地的候鸟有数千只，越冬的天鹅有数百只。这里是野生动植物的天堂，可以看到人类与鸟类和谐共生的美丽画面。

鹿角湾景区，距沙湾县城西南80千米，西濒巴音沟河，东接大南沟河，由大鹿角湾、小鹿角湾两个景区组成，这里是天山马鹿生息繁衍之所。鹿角湾是天山北麓最好的牧场之一，是一处集雪山景观和森林草原为一体的多层次旅游胜地：雨雾中白云一样的毡房，大大小小点缀在一望无际的草原上；墨绿的林海密布在草原与雪山间；雪峰高耸云端，冷峻逼人……

玛纳斯县丹霞山

石河子南山

巴音布鲁克草原

独库公路

独库公路，有“中国最美公路”之称，全长500多千米，穿越天山，是连接南北疆的要道。其中，有200多千米的路段在海拔2000米以上，4座达坂海拔在3000米以上，路经5条河流及防雪长廊，地形复杂、气候多变。独库公路每年仅开放5个月。

独库公路沿途的那拉提草原、乔尔玛风景区、大小龙池、巴音布鲁克草原等自然和人文风景区，如千里画卷，在辽阔天地间徐徐展开，美不胜收，吸引了越来越多的游客不远万里慕名而来。

在这500多千米路途中，窗外次第闪过戈壁绿洲、高山隧道、雪峰冰川、茂密森林、广袤草原、高山湖泊……美得令人窒息。在百转千回的盘山公路上，游客在惊叹大自然伟力的同时，更对因开辟这条天山通途而长眠于此的烈士心生崇敬之情。

天山北坡经济带上的一座座城市是一颗颗自然和人文交相辉映的明珠。

乌鲁木齐是全疆的旅游集散地和目的地。除了自然风光，这里的文化艺术、历史遗存、风土人情也让远方来的游客品味到多元文化的魅力。

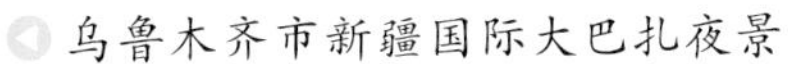
乌鲁木齐市新疆国际大巴扎夜景

乌鲁木齐红山塔

红山位于乌鲁木齐市中心，是乌鲁木齐市的象征之一。这里山岩突兀，每当晨昏，岩壁映日，红光熠熠，故而得名。人民公园，当地人更习惯称之为“西公园”，原先是乌鲁木齐河西岸的一片湖沼，四周古树蓊郁。清代建造迪化城时，将该地辟为官员休憩之地，据说纪晓岚曾在此间驻留。后来公园重建时，仿照中原的殿堂式样，建造了丹凤朝阳阁。

昌吉，取“昌盛吉祥”之意，地名始于元代。昌吉市位于天山北麓、亚欧大陆腹地、准噶尔盆地南缘，东邻乌鲁木齐市。

昌吉恐龙馆始建于2009年，是新疆唯一的恐龙主题博物馆，这里有亚洲最大的恐龙——中加马门溪龙、亚洲最大的剑龙——准噶尔将军龙等的化石，是一座深受孩子们喜爱的科技博物馆。

清代粮仓遗址位于昌吉市宁边古城东南角，总建筑面积约为650平方米。根据史料记载，清代粮仓始建于乾隆二十三年（1758年）。

霍斯布拉克景区在昌吉阿什里乡二道水村境内，距乌鲁木齐市85千米左右。景区有雪山冰川、高山草原、茂密森林、奇花异草以及种类繁多的野生动物，集奇、险、秀、美于一身。

△ 昌吉恐龙馆

▽ 恐龙馆恐龙化石

石河子军垦第一犁

鹅喉羚

石河子市有“戈壁明珠”的美誉，曾是新疆生产建设兵团总部所在地。来到这里，印象最为深刻的是大街两边的苹果树，花香满街，果香醉人。周恩来总理纪念碑馆坐落在石河子市北郊，距市中心3千米。新疆兵团军垦博物馆位于石河子市中心，是游客必来的景点。在这里，数万件珍贵文物让人们重温半个多世纪前那个激情燃烧的岁月。

驼铃梦坡沙漠公园位于准噶尔盆地古尔班通古特沙漠南缘，俨然是一座天然荒漠植物园，这里有野猪、黄羊、狼、狐狸、跳鼠、娃娃头蛇、沙枣鸟等百余种动物，还生活着国家一级保护动物野驴，是一座原生态的沙漠公园。

石河子彩棉机械化采摘

有城市便会聚集更多的人，节庆活动随之而来。乌苏啤酒节，是新疆最知名的旅游节庆活动之一，到2019年已经举办了十二届，吸引了八方宾客，成为乌苏市一张亮丽的名片。

石河子军垦文化桃花节，依托石河子周边新疆生产建设兵团第八师143团的数万亩蟠桃种植基地，桃花盛开时如云似霞，扮美了整个春天。

乌鲁木齐丝绸之路冰雪风情节，是乌鲁木齐冬季旅游的品牌活动和旅游名片，每年举办几十项“旅游+乐雪+文化+美食+博览”冰雪游活动，从当年冬季持续到第二年春季。

世界文化遗产——北庭故城

历史文化是一个地区的底蕴。天山北麓众多的历史遗迹令人惊叹。

北庭故城遗址位于昌吉州吉木萨尔县，是唐代北庭大都护府治所遗址，曾经雄峙于天山北麓600年，毁灭于15世纪前期的战火之中。如今，这里已经建成了遗址公园，是访古览胜的理想之地。

深藏在呼图壁县天山腹地的康家石门子岩画，是国内外罕见的原始生殖崇拜岩画群。经有关专家论证，确定其完成于原始社会后期父系氏族社会阶段，距今3000年，该岩画群是研究新疆史前文明的珍贵资料。

康家石门子岩画

天山南麓绿洲
葱郁
绿洲

天山南麓绿洲

这里曾是古丝绸之路的南、中两条干线途经之地，留下了数量众多的古城、古墓、佛寺等，在瀚海风沙中无声诉说着历史的悠久与沧桑。

扫一扫带你领略大美新疆

塔克拉玛干沙漠

塔里木绿洲

人们习惯上称的“南疆”，是指新疆南部，即天山以南、昆仑山以北的广袤地区。这里地处亚欧大陆腹地，是离海洋最远的地方，终年气候炎热，干燥少雨，中国最大的塔克拉玛干沙漠横亘于此，形成了与天山北麓迥异的地貌和风土人情。

大漠井架

沙漠公路

库尔勒香梨丰收

由于气候恶劣，茫茫大漠中散布的一片片的绿洲显得更加珍贵，绿洲是人们在无边瀚海中生存和欢歌的幸福方舟。

今天，南疆这片古老的土地已成为重要的优质棉基地和特色林果业基地，灰黄的土地上生长出最洁白的棉花，最炎热干旱的地方结出最甘甜的瓜果；浩瀚的塔克拉玛干沙漠下埋藏着储量可观的石油、天然气以及各种宝贵的矿产资源……

塔里木河

向南跨越天山，天山南麓的绿洲就跃然眼前，从库尔勒到阿克苏，再到喀什、阿图什……公路、铁路、航线穿越大漠，将一块块绿洲连接起来。南疆不再遥远，路途不再艰险。

天山南麓的绿洲，是天山、昆仑山环抱中的绿洲，是镶嵌在塔克拉玛干沙漠边缘的一颗颗绿色“珍珠”，绵延千里的塔里木河滋润着干旱的大地，绿色和希望生生不息。

也许你见过浩瀚沙漠，但经历过在沙海中奔波一天，日落时分眼前忽然出现一片新绿的狂喜吗？也许你见过冰川雪岭，但有过静静地坐在一片清澈的湖水边，听风吹过耳畔，看湖中雪峰倒影轻轻晃动的体会吗？

南疆太大，塔克拉玛干沙漠太大，轻而易举地将各种神奇的，甚至是迥异的美景囊括其中，让每一个遇见的人都惊为奇幻。

南疆的春天来得早，冬天来得晚。旅游季节相比于北疆，要长4个月左右。每年除了1月份到3月份不适宜旅游外，其他时间都非常适合。4、5月份可以去帕米尔高原看杏花、桃花；6月至9月是南疆水果成熟的季节；10月份以后可以到塔里木河畔看金秋胡杨……

到了南疆，就是围绕着塔克拉玛干沙漠周边巡游。塔克拉玛干沙漠位于塔里木盆地中心，是中国最大的沙漠，也是世界第二大流动沙漠。几百米高的巨大沙丘屹立，狂风能将沙墙吹起……站在一望无际的沙漠面前，就像站在浩瀚无边的大海边一样，让人由衷地感慨大自然造物的神奇。

塔里木河发源于天山山脉及喀喇昆仑山，穿越整个塔里木盆地北部，沿塔克拉玛干沙漠北缘直切过去，穿过阿克苏、沙雅、库车、轮台、库尔勒、尉犁等县市的南部，最后流入台特玛湖。对于广阔的南疆来说，天山以南的绿洲基本都是靠塔里木河水灌溉。

塔里木河最早曾注入罗布泊。塔河的终点一度从若羌县城北的台特玛湖退缩到铁干里克大西海子水库，经过多年、耗资100多亿元的全流域治理，才使得塔河沿岸的生态得以恢复，奔腾的河流重入台特玛湖。

塔里木河胡杨林

大漠大河养育了大片胡杨林。来到天山南麓，当然要看世界上最大的胡杨林。浩瀚的沙漠，巍峨的雪山，苍凉的峡谷，最让人惊叹的是沙漠中的胡杨。塔里木胡杨，其数量占据了中国胡杨数量的大部分，在荒漠戈壁之中长得葱茏而顽强，诠释着生命的坚韧与高贵。深秋时节，胡杨林一片金黄，塔里木河两岸被胡杨点缀得如诗如画，成为摄影师们相机的焦点。

塔里木河胡杨航拍

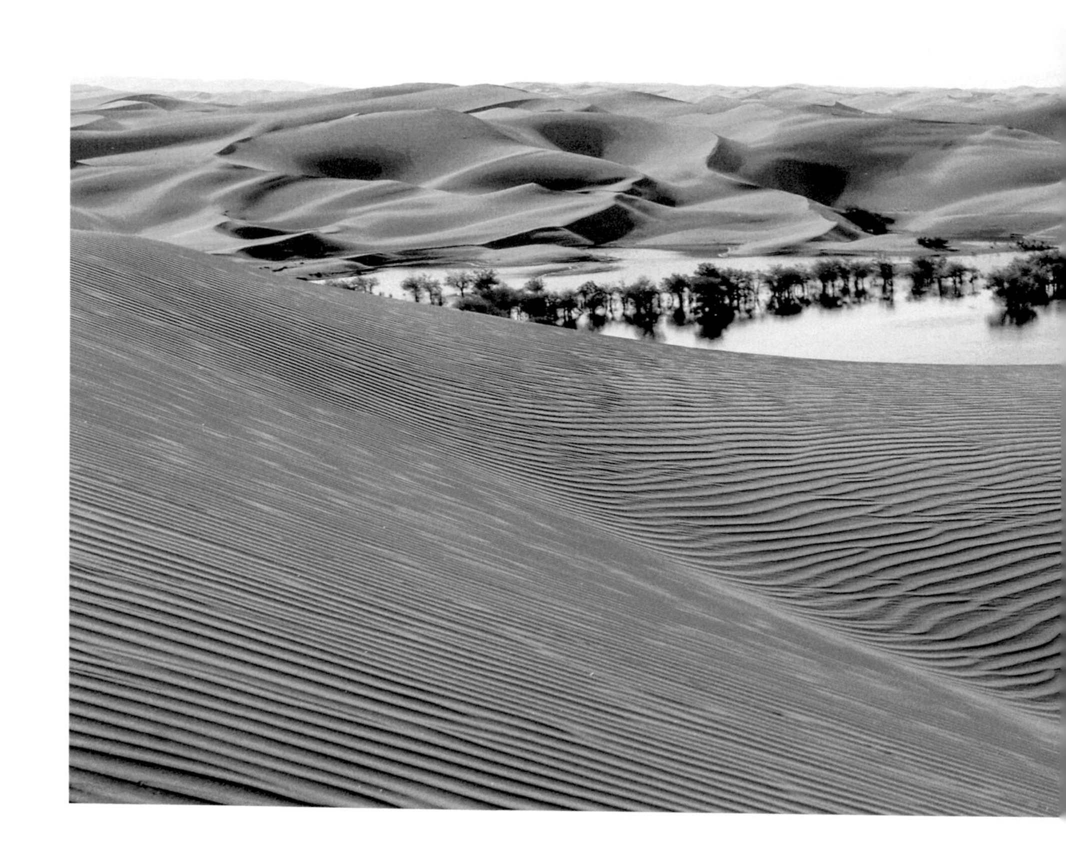

轮台天山胡杨

塔里木河胡杨

天山南麓，可看的大美风景实在太多。看山，乔戈里峰、托木尔峰奇绝盖世、高耸入云；看峡谷，天山大峡谷、温宿大峡谷让人惊叹大自然的鬼斧神工；看湖，卡拉库里湖、白沙湖的万种风情温柔了你的双眼……

温宿大峡谷

楼兰古城遗址

北疆看风景，南疆看风情。作为古丝绸之路重要通道的南疆，历史遗存众多，风土人情独特，令海内外游客流连忘返。

地处若羌县东北部，距县城约300千米，这里曾经有一个繁华的城邦叫楼兰，是当时闻名遐迩的丝路重镇，公元4世纪前后却突然神秘地消失了，只留下了一片废墟静立在沙漠中。现存的遗址大致呈正方形，城内还存有残破的院落及高耸的佛塔。

库车古称“龟兹”，汉朝的西域都护府、唐代的安西都护府都设在龟兹，使龟兹成为西域政治、经济、文化的中心，辉煌的历史给库车遗存下许多宝贵的古遗址和精美文物。

龟兹故城遗址

库车林基路住所遗址

喀什城郊

南疆重镇喀什，是古丝绸之路上的重要枢纽，玄奘、马可·波罗都曾在这里留下足迹。风流总被雨打风吹去，留下的都是珍宝。喀什老城、香妃墓、大巴扎、喀什夜市……如今都是著名旅游景点，人文景观尤其迷人。

改造后的喀什老城

改造前的喀什老城

喀什之夜

刀郎人在胡杨林中跳起刀郎舞蹈

苏巴什佛寺遗址

灿烂的文化遗存具有永久的魅力。克孜尔千佛洞，位于拜城县克孜尔乡东南7千米的地方，始建于3—4世纪（或者更早）；6—7世纪达到其顶峰时期，历史比著名的莫高窟（公元366年开凿）还要久远。这座千佛洞已编号的有236个窟，目前窟形尚完整的有135个。克孜尔千佛洞被誉为“艺术宝库”，以优美的壁画著称，是龟兹石窟的代表。

拜城克孜尔千佛洞外景

苏巴什佛寺遗址，又称昭怙厘大寺，位于库车县城东北却勒塔格山南麓，2014年被列入《世界遗产名录》。尽管已废弃了近千年，佛寺遗址依然气度非凡。

如今，天山南麓出现了许多新的人文景观。刀郎部落景区，位于阿瓦提县玉满闸口胡杨林区，距阿瓦提县城18千米，占地8000余亩，其中有原始胡杨林3000余亩。景区中有特色餐厅、刀郎民俗展馆、刀郎人村寨，还有水上乐园、沙滩浴场等。

罗布人村寨航拍

罗布人村寨风景名胜区，位于尉犁县墩阔坦乡境内，距县城40千米。塔里木河从景区流过，这里有原始胡杨林保护区以及古老神秘的罗布人，是典型的自然景观和人文景观兼具的特色景区。

罗布人村寨

景区娱乐项目

昆仑山绿洲
葱郁
绿洲

昆仑山 绿洲

天山以南、昆仑山以北、塔克拉玛干沙漠南缘，是一条被大漠和高山挟持的狭长地带，新疆最南端的地州——和田地区就在这条绿洲带上。

扫一扫带你领略大美新疆

和田地区总面积24万多平方千米，其中沙漠戈壁面积占63%，山地占33.3%，仅3.7%是绿洲，还被沙漠、戈壁切割成大大小小300多块。就是这些星星点点的绿洲，被勤劳的各族人民变成了幸福的家园。

和田市一角

和田，古称“于阗”，南越昆仑山抵藏北高原，北临塔里木盆地。绵亘着的昆仑山、喀喇昆仑山，阻隔了来自印度洋的暖湿气流，形成了和田暖温带极端干旱的荒漠气候，春季多沙暴、浮尘天气，夏季炎热干燥，年均降水量35毫米，年均蒸发量2480毫米，四季多风沙，每年沙尘天达220天以上。

和田是中国十佳探险旅游目的地之一，是镶嵌在高山大漠之间的一条绿色珠链，奔腾的河流、葱郁的绿洲、浩瀚的沙漠、热情的人们，让疆内外游客流连忘返。

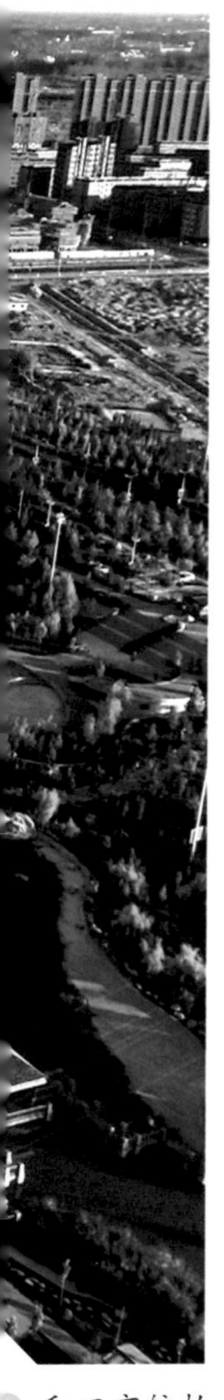

和田市航拍

昆仑山

和田玉龙喀什河

和田大漠胡杨生态景区，位于和田市吉亚乡，距和田市中心约10千米，占地面积约5000亩。该景区有1.4万多平方米的天然湖泊被沙漠紧紧拥抱，沙水相依，碧波荡漾。湖泊与沙海的中心，分布着一片片胡杨林。这里以沙漠观光、民俗风情、生态科普、户外探险为主，正在被打造为沙漠文化景观和户外探险旅游基地、自驾游服务大本营。

乌鲁瓦提风景区，位于昆仑山南麓的喀拉喀什河上游出山口处、和田县朗如乡，距和田市71千米。乌鲁瓦提水库水深可达110米，水库坝高131.8米，已建成大坝、索龙桥、大坝夜景、溢洪道、玉龙大坝飞瀑等景点。

克里雅河

白玉河景区，白玉河亦称玉龙喀什河，因出产和田白玉而得名。白玉河是白玉籽料的主要产地，河中还有青玉、青白玉、黄玉、碧玉等多个品种的和田玉，是一条名副其实的“玉河”。

丹丹乌里克遗址

和田的佛文化遗址和出土文物较多，旅游资源较为丰富，有尼雅遗址、安迪尔古城、丹丹乌里克故城遗址等，为和田增添了厚重的历史人文底蕴。

尼雅遗址位于民丰县境内，尼雅河的下游古河道上，塔克拉玛干沙漠的南缘，在古丝绸之路的南线上，平均海拔1300米。尼雅遗址是国家级重点文物保护单位，系汉晋时期距今约1800年前的城邦“精绝”所在地。

尼雅遗址

世界上最小的千年佛寺

小佛寺，位于策勒县达玛沟乡，是世界上最小的佛寺，面积只有4平方米。小佛寺虽小，却符合佛寺的基本要求。小佛寺的发现发掘曾是当年中国考古重大发现之一。

策勒佛教遗址中残存的壁画

和田市团结广场

来到和田，不能不去库尔班·吐鲁木纪念馆参观。当年，库尔班·吐鲁木骑着毛驴，要上北京见毛主席的故事传遍大江南北，还被编入全国小学语文课本。如今，在他的家乡于田县托格日尕孜乡，当地政府依托他的故居建起了纪念馆。纪念馆距县城14千米，展览室由珍贵历史图片资料、手工绘画和实物组成；声像室里可以观看由北京电影纪录片厂摄制的纪录片。

在和田旅游，漫步团城是必选项目之一。和田团城景区在和田市中心区域，占地面积83公顷。团城因中心发散、街巷环绕而得名，是沙漠绿洲中人类与自然和谐共存的代表景观，也是最典型的南疆传统民俗街区之一。以前的居民多以出售鸽子等家禽为生，故这里又被称为“鸽子巷”，经过改造，现在鸽子巷已经成为极富当地特色的街区。

和田夜市

要体验最活色生香的和田风情，莫过于去和田夜市。和田老夜市占地20亩，有260多个摊位，一年365天，天天营业，夏天人流量最高达到一天5000人。这里，有原汁原味的新疆美食，也有各地特色美食，还可以品尝新疆的各种瓜果，绝对是“吃货”的乐园。

和田美女

和田美食

缸子肉

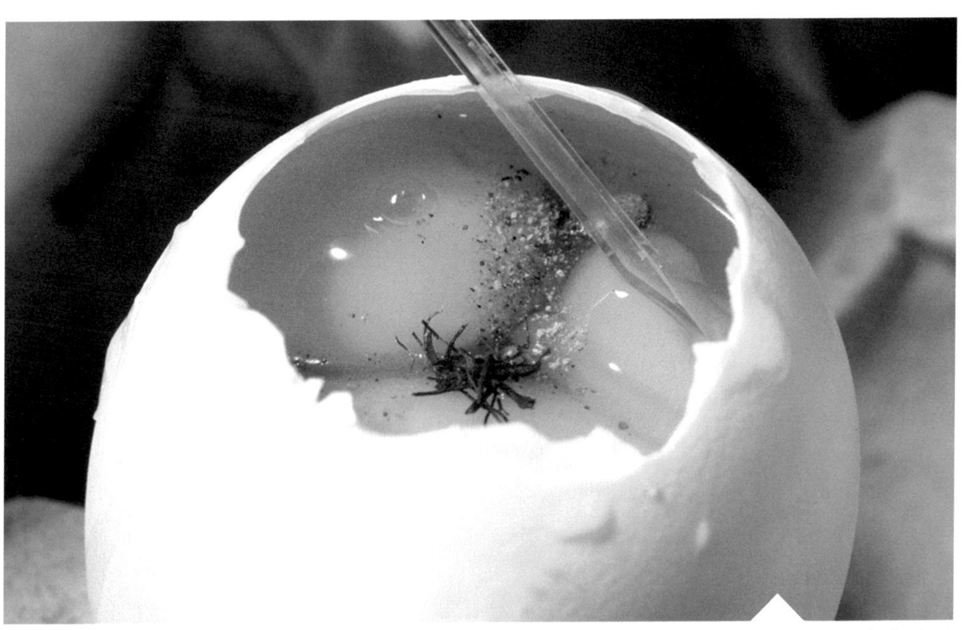

藏红花烤鸡蛋

和田的长辫子姑娘

和田地毯

在和田的大街小巷，可以发现许多有名的特产。和田地毯，中国国家地理标志产品，被称为独具一格的“东方式”地毯，有丰富而多变的纹饰，更是富有生活气息的日用品，其品种有铺毯、挂毯、坐垫毯、褥毯等。

传统的艾德莱斯绸制作工艺

艾德莱斯绸不仅是和田特产，也是最具知名度的新疆特产之一。古代和田，是古丝绸之路南路的交通枢纽，是重要的丝绸集散地、西域三大丝都之一，悠久的历史和传统，造就了质地柔软、轻盈飘逸的艾德莱斯绸。艾德莱斯绸图案富于变化，样式很多，采用的植物图案有花卉、巴旦木杏、苹果、梨等；饰物图案有木梳、流苏、耳坠、宝石等；工具图案有木槌、锯子、镰刀等；乐器图案有热瓦甫、都塔尔等。各种图案都具有浓烈的和田地方特色，是和田人民独特的审美情趣在生活上的艺术呈现。

传统的艾德莱斯绸扎染工艺

和田乐器行

和田玉籽料

古老的造纸工艺

和田桑皮纸，具有防虫、拉力强、不易褪色等特点，以桑树皮为原料，经过9道工序加工制成，被誉为新疆的“活化石”，是国家级非物质文化遗产。一般情况下，5千克桑树枝可以剥出1千克桑树皮，1千克桑树皮可做成20张桑皮纸。用传统工艺制造出来的桑皮纸呈黄色，纤维很细，有细微的杂质，韧性很好，质地柔软，无毒且吸水性强。如果墨汁好，写在桑皮纸上的字历经千年也不会褪色。

至于和田玉，更是大名鼎鼎，为中国四大名玉之一。秦始皇统一中国的时候，和田玉因产于昆仑山被称为“昆山之玉”，后又因产地位于于阗境内而被称为“于阗玉”。和田玉是玉中精品，自古就有“黄金有价玉无价”的说法，可见和田玉的珍贵了。

其他区域绿洲
葱郁
绿洲

其他区域绿洲

在新疆广袤的大地上，还分布着其他大大小小的绿洲，这些区域相对独立，孤悬在大片绿洲之外，自成体系。

东天山哈密绿洲

哈密，新疆的地级市，地处新疆东部，是新疆通向其他省市的要道，自古就是丝绸之路的咽喉，有“西域襟喉，中华拱卫”和“新疆门户”之称。

哈密市

哈密小南湖戈壁

天山山脉横穿哈密，把哈密市分为山南、山北。山北的森林、草原、雪山、冰川浑然一体；山南的哈密盆地是冲积平原上的一块绿洲，被荒凉壮阔的戈壁大漠环抱。兼具天山南北特色的独特地貌，使哈密有“新疆缩影”之称。

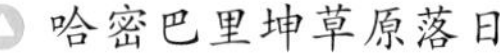

哈密巴里坤草原落日

草原日出

哈密瓜

哈密物产丰富，优越的光热条件，孕育了甘甜如蜜的哈密瓜，“甲天下”的哈密瓜已有800年历史。哈密大枣，中国红枣家族中的优良品系，经过哈密山南平原戈壁特定气候条件的长期驯化，个大饱满，色泽红润，核小肉厚，甘甜爽口。伊吾野山杏，生长在伊吾县苇子峡乡河谷地带，风味独特。天山野菇，出产于伊吾县沿天山一带，肉质细嫩，味美鲜浓，营养丰富，是纯天然的有机食品，被誉为“西天白灵芝”“天山神菇”。

松树塘美食节上重1.5吨的馓子

草原花海

哈密大海道组图

哈密魔鬼城

哈密曾是古丝绸之路重镇，历史文化源远流长，人文、自然景观星罗棋布，融南北疆景色和气候于一地，旅游资源丰富。

大海道雅丹，在哈密近期发现的雅丹地貌中最具有特色，位于哈密市伊州区西南近200千米处。这里人迹罕至，形态各异的雅丹景观令人眼花缭乱，是摄影、探险旅游爱好者的天堂。

天山风景名胜区，位于东天山北坡，东起寒气沟，西至松树塘，南自天山庙，北接鸣沙山，距哈密市伊州区约70千米，既有巍峨的高山冰川、浩瀚的林海，也有芳草连天的大草原，还有草木不生的鸣沙山。

鸣沙山，是在一望无边的大草原上凭空出现的一座长5000米、高50米的沙山，沙粒细而无土，四周水草丰茂，柳条河从山脚下蜿蜒流过。沙粒从山上向下滑动，便可听见各种声响，强时如雷鸣高亢，弱时似牧笛悠扬，游客无不称奇。

鸣沙山

吐鲁番绿洲

吐鲁番，是天山东部一个东西横置的形如橄榄的山间盆地，四面环山，属于典型的大陆性暖温带荒漠气候，是乌鲁木齐的门户、新丝绸之路和亚欧大陆桥的重要交通枢纽。

葡萄沟

吐鲁番是古丝绸之路上的重镇，早在新石器时代，就有了人类活动。这里日照充足，热量丰富，极端干燥，降雨稀少且大风频繁，故吐鲁番有“火洲”“风库”之称。

吐鲁番全年日照时数为3000~3200小时，比中国东部同纬度地区多1000小时左右；全年平均气温13.9℃，高于35℃的炎热天在100天以上。夏季极端高温为49.6℃，地表温度多在70℃以上，有过82.3℃的纪录。当地素有“沙窝里烤熟鸡蛋”“石头上烤熟面饼”之说。

吐鲁番是古丝绸之路上的重镇，曾是西域政治、经济、文化的中心之一，已发现古文化遗址200余处。阿斯塔那古墓群，距吐鲁番市高昌区40多千米，是古代高昌的公共墓地，东西长5千米，南北宽2千米。墓葬按家族种姓分区埋葬，以天然砾石为界，区域分明。

吐鲁番绿洲

吐鲁番博物馆

交河故城组图

库木塔格沙漠

高昌故城，位于吐鲁番市高昌区以东偏南约46千米处，已有千余年历史，公元14世纪毁弃于战火。1961年，这里被列为中国重点文物保护单位。

交河故城，位于吐鲁番市高昌区以西约13千米的亚尔乡，唐代为西州所辖之交河县。唐王朝派驻西域的最高军政机构“安西都护府”曾设在这里。

吐鲁番博物馆是国家一级博物馆，由主馆和巨犀陈列馆两部分组成，馆内收藏了一批世界罕见的珍贵文物，许许多多的海内外游客为了一睹其真容，不远万里而来。

库木塔格景区，紧临鄯善县城，平均海拔300米，是罕见的“沙不进，人不退”的沙漠，被称为“离城市最近的沙漠”。

艾丁湖（–155米），中国海拔最低的地方，仅次于约旦的死海（–392米），被称为世界第二陆上低地。

火焰山位于吐鲁番市高昌区东北10千米处，东西走向，长98千米，宽9千米，主峰海拔831.7米。《西游记》中孙悟空三借芭蕉扇扑灭火焰山烈火的故事，使得火焰山闻名天下。

火焰山

▲ 巨型温度计

柏孜克里克千佛洞，坐落在吐鲁番市东45千米的火焰山中段，木沟河谷西岸的悬崖峭壁上，南距高昌故城仅15千米，是新疆境内较大的著名佛教石窟寺遗址之一。

柏孜克里克千佛洞壁画组图